もくじ

- 数がなかったら？ …………………………………………… 4
- 数って、べんりだね！ ……………………………………… 6
- 何番めかな？ ………………………………………………… 8
- いくつあるかな？ …………………………………………… 10
- 合わせていくつ？ …………………………………………… 12
  - 考えてみよう！ 花びらの数 …………………………… 13
- どちらが多い？ ……………………………………………… 14
- のこりはいくつ？ …………………………………………… 16
- 計算してみよう① …………………………………………… 18
  - やってみよう！ おかしのねだんをたしてみよう …… 19
- 計算してみよう② …………………………………………… 20
- 全部でいくつ？ ……………………………………………… 22
- 九九って、どんなもの？ …………………………………… 24
- 計算してみよう③ …………………………………………… 26
  - 知ってる？ かけ算のふしぎ …………………………… 27
- 分けるといくつ？ …………………………………………… 28

分けたらどうなる？	30
考えてみよう！ あまりをなくすには？	31
0と1の間の数って？	32
知ってる？ わり切れない数	33
分数って、どんなもの？	34
考えてみよう！ たなの数を分数で表すと？	35
知ってる？ 分数と％（パーセント）	35
分数のたし算	36
知ってる？ 分母がちがう分数	37
分数のひき算	38

はじめに

　算数は、ふだんのくらしの中で、知らず知らずに使っています。買い物に行ったら、いくつ買うかを数えたり、全部でいくらになるかを計算したりしますが、これは算数です。ケーキを同じ大きさに分けるのも算数です。算数は、ふだんのくらしのいろいろなところで、役に立っているのです。
　この本では、身のまわりにある「算数」を、写真を使って絵本のように紹介しています。算数をもっと身近に感じ、ふだんの生活の中で役立ててください。そしてこの本で、考えることのおもしろさや、わかったときのよろこびを味わってほしいと願っています。

合わせていくつ？

2つのグループのものの数を合わせたいとき、どんな計算をするかな。考えてみよう。

玉入れの玉。

ネットに入っているのは、3こ。
そのほかは25こ。

合わせていくつ？

電線にスズメが9羽。

ふえた数を合わせるとき、たし算をするといいね！

$9+3=12$

玉入れの玉は、全部で28こ、あったんだね。

$3+25=28$

あとから3羽、とんできた。

合わせて何羽？

考えてみよう！

花びらの数

つぎの花の花びらの数は、ある決まりに合わせて、ふえているよ。どんな決まりかわかるかな？

$3 \to 5 \to 8 \to 13 \to 21 \to ?$

21のつぎは、何まいになるか、考えてみよう。

ヒント：3＋5＝8、5＋8＝13、8＋13＝21だから？

こたえ：34（13＋21＝34）

たし算は、2つ以上の数を合わせるものです。1つにまとめるので、3＋25も、25＋3も、こたえは28で、同じになります。

どちらが多い？

2つのものの数をくらべて、どちらが多いか考えてみよう。
1つずつ組み合わせてみると、わかりやすいよ。

ちゅう車場の空きスペースは、10台分。

あとから9台入ってきたら、空きスペースと車の数は、どちらが多い？

空きスペースに車を1台ずつ入れてみると、わかるね。全部とめられるかな？

どちらが多いかをしらべるとき、それぞれの数をかぞえてもいいけれど、1つずつ組み合わせてみると、あまったほうが多いことがわかります。

のこりはいくつ？

もとの数から、いくつかへったとき、のこりはいくつになるかな。大きい数から小さい数をひいてみよう。

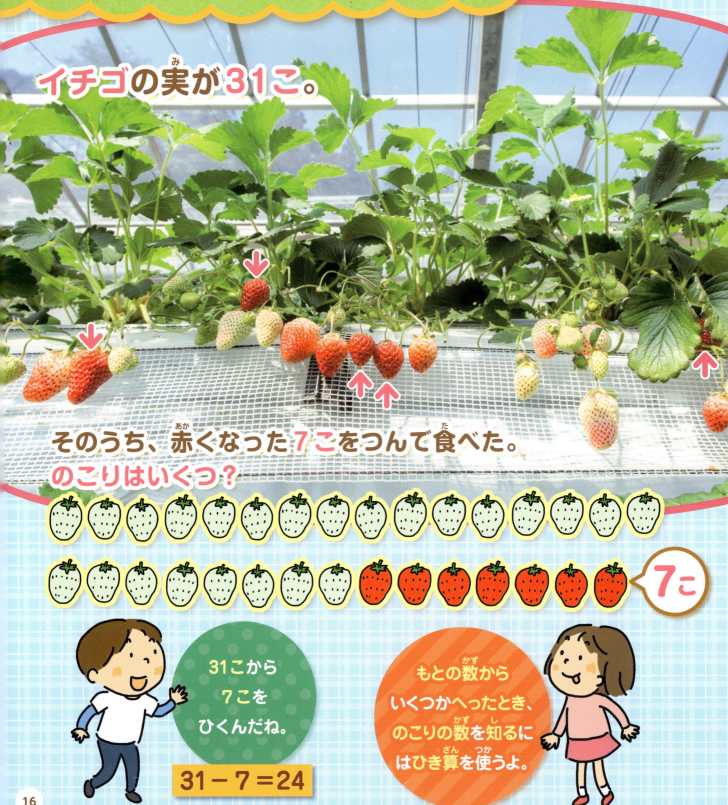

イチゴの実が31こ。

そのうち、赤くなった7こをつんで食べた。
のこりはいくつ？

7こ

31こから7こをひくんだね。
31－7＝24

もとの数からいくつかへったとき、のこりの数を知るにはひき算を使うよ。

計算してみよう①

2けたよりも大きい数のたし算をするときは、くらいごとに計算をするといいよ。

色えんぴつ11本。

色えんぴつ12本。

合わせて何本？

11＋12の計算をしてみよう。

```
  1 1
＋ 1 2
─────
  ? ?
```

10をたまご1パックとすると…

十のくらい　一のくらい

上のように書いて計算することをひっ算というよ。

11＋12＝23

一のくらいと十のくらいをそれぞれたす。

2　3

マスキングテープが15こあった。

6こもらった。

全部で何こ？

15＋6の計算をしてみよう。

```
  1 5
＋   6
―――――
  ? ?
```

10をたまご1パックとすると…

十のくらい　一のくらい

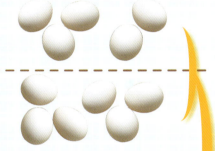

5+6=11だから、10このパックがもう1つできる。

2　1

一のくらいからじゅんに計算すると、わかりやすいね！

15＋6＝21

一のくらいをたして、10より大きくなるときは、十のくらいにくり上げるよ。

やってみよう！

おかしのねだんをたしてみよう

だがし屋さんでおかしを買うときも、たし算ができるとじょうずに買い物ができます。

計算してみよう②

2けたよりも大きい数のひき算をしてみよう。くらいごとに計算するといいよ。

りんごが18こ。
家族みんなで5こ食べた。

のこりはいくつ？

18-5の計算をしてみよう。

```
  1 8
-   5
─────
  ? ?
```

10をたまご1パックとすると…

十のくらい　　一のくらい

一のくらいと十のくらいをそれぞれ計算するよ。

18-5=13

1　　3

2つあなと4つあなの
ボタンが全部で20こ。
2つあなのボタンは8こ。
4つあなのボタンは、
いくつあるかな？

10をたまご1パックとすると…

十のくらい　　一のくらい

20－8の計算を
してみよう。

```
  2 0
－   8
―――――
  ? ?
```

一のくらいのひき算が
できないときは、
十のくらいから10を
かりてきて、ひき算をするよ。

上のくらいから
かりてくることを
「くり下げる」と
いうよ。

20－8＝12

1　　2

全部でいくつ？

1つのまとまりが、いくつもあったら、1つ1つ数えるより、かけ算をすると、すぐに全体の数がわかるよ。

ホットケーキが1皿に5まい。

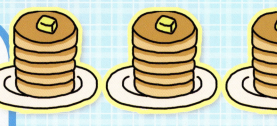

3皿あると、全部で何まい？

1皿分	いくつ分
5まい かけられる数	3皿 かける数

5×3＝15

ホットケーキ1皿分が、ひとつのまとまりだね。かけ算を使ってみよう。

たし算でもこたえは出るよ。5＋5＋5＝15だから、ホットケーキは15まいだね。

かけ算を使うと、ホットケーキのお皿の数が5まい、6まい、7まいとふえても、かんたんに計算することができます。

きれいにならんだマカロン。
いくつあるかな。

たてに4つ、よこに6つならんでいるね。

たての列を1つのまとまりと考えると… 4×6＝24

ならべ方をかえてみると…

たて6つ、よこ4つ
6×4＝24

たて3つ、よこ8つ
3×8＝24

ならべ方をかえても、マカロンの数は同じだね！

身のまわりに、かけ算できるものはあるかな？

かけ算は、かける数とかけられる数が入れかわっても、こたえは同じになります。たとえば3×8も、8×3も、こたえは24です。

九九って、どんなもの?

かけ算をするとき、九九をおぼえていると、すぐに計算ができるよ。
1～9の数どうしのかけ算のこたえをおぼえよう。

	1	2	3	4	5
1のだん	1×1=1	1×2=2	1×3=3	1×4=4	1×5=5
2のだん	2×1=2	2×2=4	2×3=6	2×4=8	2×5=10
3のだん	3×1=3	3×2=6	3×3=9	3×4=12	3×5=15
4のだん	4×1=4	4×2=8	4×3=12	4×4=16	4×5=20
5のだん	5×1=5	5×2=10	5×3=15	5×4=20	5×5=25
6のだん	6×1=6	6×2=12	6×3=18	6×4=24	6×5=30
7のだん	7×1=7	7×2=14	7×3=21	7×4=28	7×5=35
8のだん	8×1=8	8×2=16	8×3=24	8×4=32	8×5=40
9のだん	9×1=9	9×2=18	9×3=27	9×4=36	9×5=45

指でわかる 9のかけ算のこたえ

1×9=9　2×9=18　3×9=27　4×9=36　5×9=45

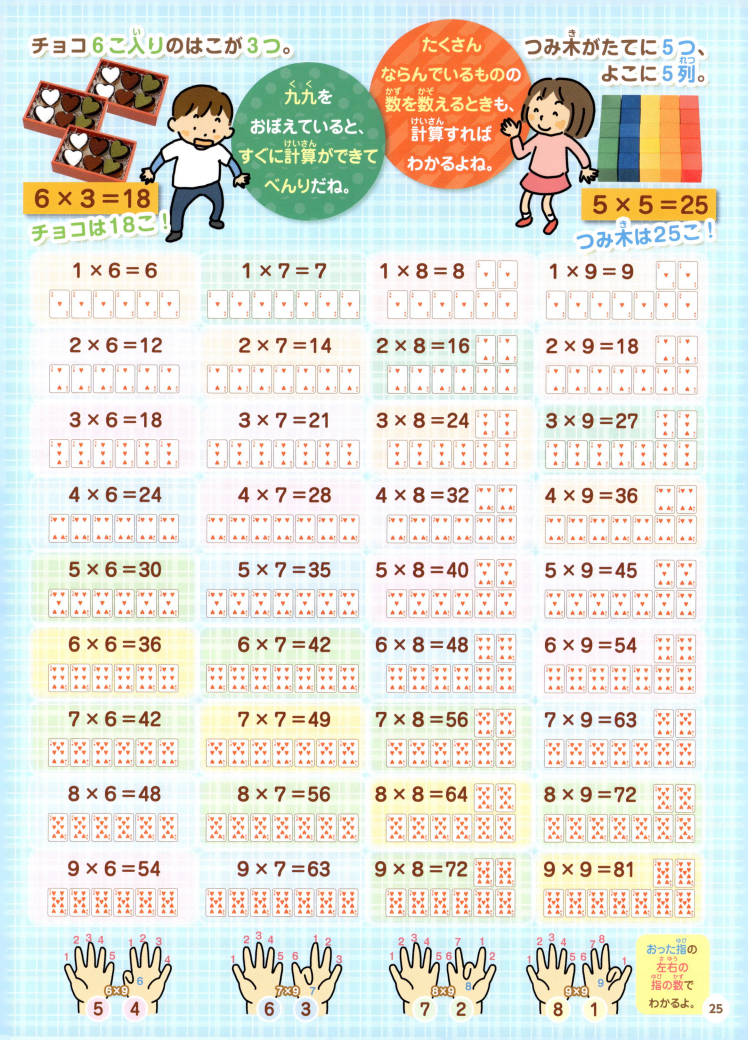

計算してみよう③

かけ算もけたをそろえて、ひっ算すると、2けたより大きい数も計算しやすいよ。

自動はん売きにならんでいる、飲みものの見本。
12本が3列あるよ。
全部で何本かな？

12×3の計算をしてみよう。

```
   1 2
×    3
-----
   ? ?
```

10をたまご1パックとすると…

十のくらい　　一のくらい

×3　　　×3

3　　　6

それぞれのくらいに、3をかけるんだね。

12×3＝36

運動会の行進。
25人の行列が4列あるよ。
全部で何人？

25×4の計算をしてみよう。

```
  2 5
×   4
─────
  ? ?
```

10をたまご1パックとすると…

十のくらい　　一のくらい

×4　　×4

5×4=20だから、パックが2つできるね。

くり上げる

知ってる？
かけ算のふしぎ

1×1＝1ですね。では、11×11は、どうでしょう。けたをふやしてかけ算していくと、おもしろいことがわかります。

1×1＝1
11×11＝121
111×111＝12321
1111×1111＝1234321

どんなルールか、わかりましたか。

25×4＝100

百のくらい
たまご100こ

1　0　0

かけ算のときも、一のくらいから先に計算するとわかりやすいね。

分けるといくつ？

いくつかあるものを、同じ数に分けたいとき、わり算を使うと、すぐにわかるよ。

くりの実20こ。

5こずつ分けると、何人にくばることができるかな？

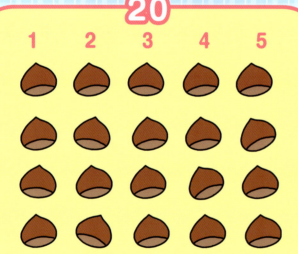

ならべてみると、わかりやすいね。

20÷5＝4

5×4＝20っていう、九九を知っていると、すぐにわり算ができるよ。

わり算は、ものの数などを決まった人数で平等に分けたいときや、決まった数で分けたいときに使います。

公園のボートはふたりのり。
8人がのるとき、ボートはいくついるかな？

8人がふたりずつに分かれるから…

8 ÷ 2 = 4

4人用のベンチに8人ですわるとき、ベンチはいくついるかな？

8 ÷ 4 = 2

2×4も、4×2も、こたえは8だね！

分けたらどうなる?

いくつかあるものを、ぴったり同じ数に分けられないこともあるね。そんなときは、どうしたらいいのかな?

金魚が13びき。
3人で分けると、
ひとり何びき
もらえるかな?

12ひきだったら、ぴったり分けられたね。

13 ÷ 3 = 4 あまり 1

ミニカーが20台。
6台ずつにならべると
何列になる?

18台だったら、ぴったり3列にならべられたね。

20 ÷ 6 = 3 あまり 2

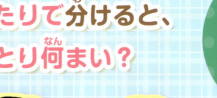

クッキーが9まい。
ふたりで分けると、ひとり何まい？

ふたりで分けると、1まいあまるね。

あまりをなくすには、どうしたらいいんだろう？

😊😊😊😊　😊😊😊😊　😊
1 2 3 4　5 6 7 8　9

$9 \div 2 = 4$ あまり1

考えてみよう！

あまりをなくすには？
9まいのクッキーをぴったり分ける方法を考えてみましょう。

| $9 \div 3 = 3$ だから… | $9 \div 2 = 4$ あまり1 だから… |

😊😊😊　😊😊😊　😊😊😊　　😊😊😊😊　😊😊😊😊
1 2 3　4 5 6　7 8 9　　1 2 3 4　5 6 7 8

9　半分に！

ふたりで分けてあまった1まいを、半分にするのはどう？

3人で3まいずつ分けると、ぴったりだね！

1まいの半分って、数で表せるのかな？
32〜35ページを見てみよう。

0と1の間の数って？

0と1の間にも、数はあるよ。身のまわりのものに、「.」の ついている数がないか、さがしてみよう。

ランニングコースのきょり

3500mとも表せるけど…

くつのサイズ

1cmごとのサイズだったら、足と合わないかも！

水のふかさをはかるめもり

せいかくなタイムを表せるね！

りく上のタイム

1										
0.1	0.1	0.1	0.1	0.1	0.1	0.1	0.1	0.1	0.1

1を10こに分けたうちの1つ＝0.1

1の半分
（1を2つに分けたうちの1つ＝0.1×5＝0.5）

小数点より右がわにある数は、0と1の間の数だね。0より大きくて、1より小さい数だよ。

0.1

この点のことを「小数点」といいます。
小数点のついている数を、「小数」といいます。
0.1は1÷10と同じです。

室温計

36、37、38でしか表せなかったら？

体温計

体重計

知ってる？
わり切れない数

1÷2は、小数で表すと、0.5です。では、1÷3はどうでしょうか。計算してみると、
0.3333333333333…
のように、小数点の右がわに、ずっと3がつづきます。こういう数を表すときにも、小数を使うのです。わり切れない数は、たくさんあります。さがしてみましょう。

小数がなかったら、1より小さい数を表せなくなります。数をこまかく表すときに、小数を使うことで、せいかくな数を表すことができます。

cmやm、km、℃などの単位については、2巻を見てね。

分数って、どんなもの？

小数のほかにも、0と1の間の数を表す方法があるよ。小数では表しにくい、1÷3もかんたんに表すことができるよ。

りんご1こ　半分にしたら…　$\frac{1}{2}$とよむよ。

1　1を2つに分けるから　$\frac{1}{2}$　$\frac{1}{2}$

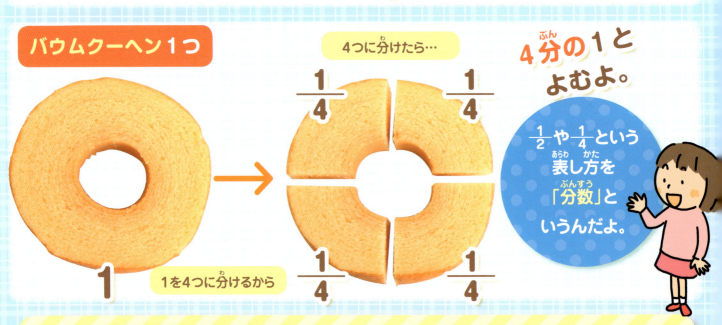

バウムクーヘン1つ　4つに分けたら…　$\frac{1}{4}$とよむよ。

1　1を4つに分けるから　$\frac{1}{4}$　$\frac{1}{4}$　$\frac{1}{4}$　$\frac{1}{4}$

$\frac{1}{2}$や$\frac{1}{4}$という表し方を「分数」というんだよ。

$\frac{1}{2}$　…分子　…分母

分数には、分母と分子があります。1をいくつに分けたかを表す数を分母、そのうちのいくつ分かを表す数を分子といいます。分母の上に、分子があります。

全体を1と考えると、区切られたたなの1つは $\frac{1}{10}$ になるよ。

10こに区切られたたな

考えてみよう！
たなの数を分数で表すと？

たなの数を1つ分、2つ分とふやしていって、たな全体の中のいくつ分かを分数で表してみましょう。

$\frac{10}{10}$ は1と同じだね！

 たな1つ分は $\frac{1}{10}$　　 たな6つ分は $\frac{6}{10}$

 たな2つ分は $\frac{2}{10}$　　 たな7つ分は $\frac{7}{10}$

$\frac{5}{10}$ は全体の半分だから、小数の0.5と同じだよ。

 たな3つ分は $\frac{3}{10}$　　 たな8つ分は $\frac{8}{10}$

 たな4つ分は $\frac{4}{10}$　　 たな9つ分は $\frac{9}{10}$

 たな5つ分は $\frac{5}{10}$　　 たな10こ分は $\frac{10}{10}$

分母が10や100の分数だと、全体の中の割合がわかりやすくなります。

知ってる？
分数と％（パーセント）

％という単位を見たことがありますか。1％は、全体を1と考えて、その $\frac{1}{100}$ のことです。50％は $\frac{50}{100}$、100％は $\frac{100}{100}$ で1と同じです。

分数のたし算

分数どうしで、たし算をしてみよう。どんなところに気をつければいいかな？

ピッチャーのオレンジジュースを、2つのコップに $\frac{1}{4}$ ずつ注いだよ。

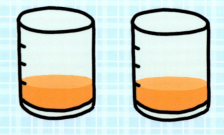

2つのコップにあるオレンジジュースの量は、合わせるとコップの何分のいくつになる？

$$\frac{1}{4} + \frac{1}{4} = \frac{?}{?}$$

$\frac{1}{4}$ と $\frac{1}{4}$ をたせばいいね。

$$\frac{1}{4} + \frac{1}{4} = \frac{1+1}{4} = \frac{2}{4}$$

分数のたし算では、分母が同じとき、分母はそのままで分子どうしをたします。

牛乳を3つのコップに $\frac{1}{5}$ ずつ注いだよ。

それを1つのコップにまとめたら、コップの何分のいくつになる？

$\frac{1}{5}$ + $\frac{1}{5}$ + $\frac{1}{5}$ = $\frac{?}{?}$

$\frac{1}{5}$ は 1÷5と同じだよ。小数にすると、0.2。$\frac{1}{5}$ も、0.2も、5つあると1になるよ。

コップに $\frac{1}{5}$ の牛乳が3つだから、たし算すると…

$\frac{1}{5}$ + $\frac{1}{5}$ + $\frac{1}{5}$ = $\frac{1+1+1}{5}$ = $\frac{3}{5}$

知ってる？

分母がちがう分数

2つの分数で分母が同じときは、分子が大きいほうが、大きい分数です。では、$\frac{1}{4}$ と $\frac{1}{5}$ では、どちらが大きいでしょうか。分子が同じ分数では、分母が大きいほど小さい分数になります。$\frac{1}{4}$ より $\frac{1}{5}$ のほうが小さいということです。36・37ページの図をならべてみると、よくわかります。

分数のひき算

分数どうしで、ひき算をしてみよう。全体を表す「1」が何かを考えながら計算するといいよ。

ホールケーキを6つに切り分けて、$\frac{1}{6}$ホール食べたよ。のこったケーキの量を計算するには？

$$1 - \frac{1}{6} = \frac{6}{6} - \frac{1}{6} = \frac{6-1}{6} = \frac{5}{6}$$

ケーキ1切れは、ケーキ全体の$\frac{1}{6}$だね。

分数のたし算と同じように、分母が同じときは、分母はそのままで、分子どうしでひき算をします。

カステラ1本。10等分にしたよ。

$\frac{2}{10}$本食べると、のこりは？

カステラ1切れは、カステラ1本の$\frac{1}{10}$だね!

$$\frac{1}{10}+\frac{1}{10}=\frac{2}{10}$$

$$1-\frac{2}{10}=\frac{10}{10}-\frac{2}{10}=\frac{10-2}{10}=\frac{8}{10}$$

10等分

のり巻き1本。8等分にしたよ。

$\frac{4}{8}$本食べると、のこりは？

8等分

$$1-\frac{4}{8}=\frac{8}{8}-\frac{4}{8}=\frac{8-4}{8}=\frac{4}{8}$$

算数のなかでも「数と計算」は、たいせつだよ。くらしにどんどん役立ててね!

「算数使いかたナビ」編集委員会／編

小学校で学習する数と計算や、単位、時間、図形について、
くらしに役立てる方法を紹介する目的で発足。多くの子どもたちに、
数の不思議や、算数のおもしろさを伝えたいと考えている。

装丁・デザイン
　　株式会社ダイアートプランニング（新 裕介、横山恵子、石野春加）

イラスト　　　　　　**写真協力**
　　ニシハマカオリ　　　のとじま水族館、PIXTA、photolibrary

校正協力
　　宇留野ひとみ

編集制作
　　株式会社童夢

とことんやさしい 算数使いかたナビ①
くらしにべんり！ 数と計算

2018年3月　第1刷発行　　2025年1月　第3刷発行

編　者／「算数使いかたナビ」編集委員会
発行者／佐藤洋司
発行所／株式会社さ・え・ら書房
　　　　〒162-0842　東京都新宿区市谷砂土原町3-1
　　　　Tel.03-3268-4261
　　　　http://www.saela.co.jp/
印刷所／株式会社光陽メディア
製本所／東京美術紙工協業組合

©2018
Printed in Japan　　　　　　　　　　　　　ISBN978-4-378-02471-4　　NDC410